爱上科学

Science

第 1 辑 02

My Path to Math

我的数学之路

数学思维启蒙全书

第1辑

数位 | 建立 10 的组合 | 组合

■ [美] 保罗 · 查林（Paul Challen） 等 著
阿尔法派工作室 李婷 译

人 民 邮 电 出 版 社
北 京

版权声明

目 录
CONTENTS

数位

建立10的组合

组合

数位

数数

你会数数吗？数数的时候，你会用到数字。你从1开始按顺序念出数字。数完要数的东西之后，就要停下来。

拓展

在你的房间里找5种东西，数数它们，写下数字和名称。

你能看到几只蜜蜂？
1、2、3、4、5，有
5只蜜蜂。

跳跃计数

从9往后接着数，应该数什么？

你可以数10、11、12、13、14、15。

为了数得更快点，你可以**跳跃计数**。

不需要一次只数1个数，你可以：

以2为间隔来数：2、4、6、8、10；

以3为间隔来数：3、6、9、12；

或者以5为间隔来数：5、10、15、20。

你可以以任何想要的数为间隔进行跳跃计数！

以3为间隔跳跃计数，你看到了几只青蛙？

上一页图中水里的9只青蛙加上本页图中这只青蛙，共有10只青蛙。翻到下一页看看，为什么10是特殊的。

10之后

你使用**数位**来写数。

任何大于9的数都需要不止1个数位。9之后是10，然后是11。10是第一个有2个数位的数。

数数叶子。10是1个整十！

要想写出这棵树上一共有多少片叶子，你还需要更多数位！

数十几

11~19是**十几**，每个十几都有2个数位。11~19之间的每个数都是1个整十加上1个数字。

十一　11　1个整十加上1

十二　12　1个整十加上2

十三　13　1个整十加上3

十四　14　1个整十加上4

十五　15　1个整十加上5

十六　16　1个整十加上6

十七　17　1个整十加上7

十八　18　1个整十加上8

十九　19　1个整十加上9

池塘里有10只鸭	
池塘里有几个整十	1
池塘外多出几只鸭	3
总共有多少只鸭	13

更大的数

十几的数中最大的是19。19之后的数是什么？没错，是20。20由2个整十组成。

想想21。这个数包含2个整十，个位上的1表明21这个数除了2个整十外，还多出了1。

每片叶子上有10只蚂蚁	
有几片叶子	2
叶子外多出几只蚂蚁	1
总共有多少只蚂蚁	21

你可以数野外的花朵。
也可以数各种各样的东西！

十和一

下一页的图中有3堆站在毯子上的兔子，附近还有别的兔子。每张毯子上有10只兔子，还有一些兔子站在毯子外。

整十的部分被称作“十”，多出来的部分被称作“一”。我们可以用“十”和“一”的组合来数数兔子。

十	3
一	2
总共	32

较大的数

观察下一页中的图片，比较哪组螃蟹的数目大。怎样确定呢？你可以数一数，不超过10的数很容易数清楚。

观察礁石和沙滩图中，哪张图里的螃蟹更多？哪个数更大？有较多螃蟹的地方一定有较大的螃蟹数目。

拓展

尝试在一条船上画10只螃蟹，在水里画多出的5只螃蟹。

总共有多少只
螃蟹?

比较整十

观察34和41，**比较**它们。它们十位的位置上数字分别是几？没错，是3和4！

3和4哪个更大？4更大。所以，41比34大。因为4个整十已经比3个整十多，剩下的数字不需要再比较，只要比较整十的部分就可以了。

拓展

你可以用**>**来表示**大于**。

也可以用**<**来表示**小于**。

在纸上写下34<41。

也可以换一种写法，即41>34。

你准备在横线上填什么符号？
34__41

数字顺序

这里有3个数：9、17、12。

先看十位，十位上数字较大的数比十位上数字较小的数大；如果十位上的数字相同，再看个位；个位上数字的比较将会表明哪个数较大，哪个数较小。**排序**就像一个游戏！

	十位	个位	总共
鸭	0	9	9
鸟	1	7	17
兔子	1	2	12

拓展

把9、17、12按从小到大的顺序排列。

9
17
12

术 语

比较（compare） 辨别事物的异同或高下。

数位（digit） 数字在数中的所在位置。

大于（greater than，>） 比另一个数大。

小于（less than，<） 比另一个数小。

排序（order） 将2个或2个以上的数按一定规律进行排列。

跳跃计数（skip count） 以一个比1大的既定数为间隔的计数方式。

十几（teen） 11～19。

零	0
一	1
二	2
三	3
四	4
五	5
六	6
七	7
八	8
九	9
十	10

十一	11
十二	12
十三	13
十四	14
十五	15
十六	16
十七	17
十八	18
十九	19
二十	20

建立 10 的组合

基本的数数

阿卡尔和米兰达一起拜访祖母桑德拉。午餐过后，祖母与他们一起玩游戏，并给了他们10个抓子。

米兰达把抓子排列起来。这有助于**数**抓子。

米兰达和阿卡尔数了10个抓子。祖母桑德拉还给了他们玩游戏所需的球。

拓展

数数右图中的球。
有多少个球是红色的？
有多少个球是绿色的？
有多少个球是蓝色的？

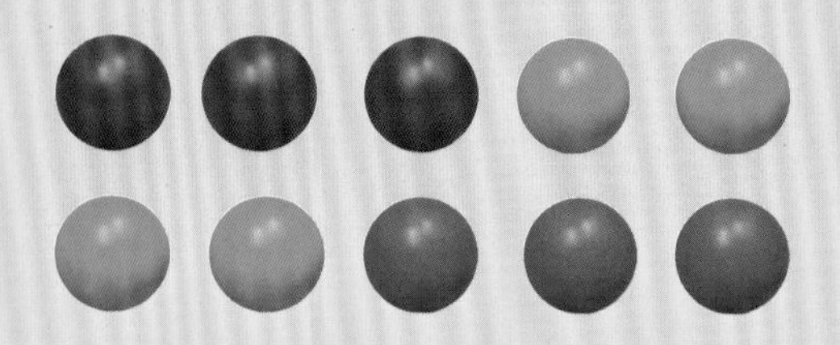

阿卡尔把球抛到空中，他快速拿走一个抓子后接住球。数数桌子上剩余的抓子。现在还有9个抓子。

组成10的方式

米兰达、阿卡尔和祖母一起去购物。祖母让他们挑选10个梨。

米兰达拿了6个红梨和4个黄梨。

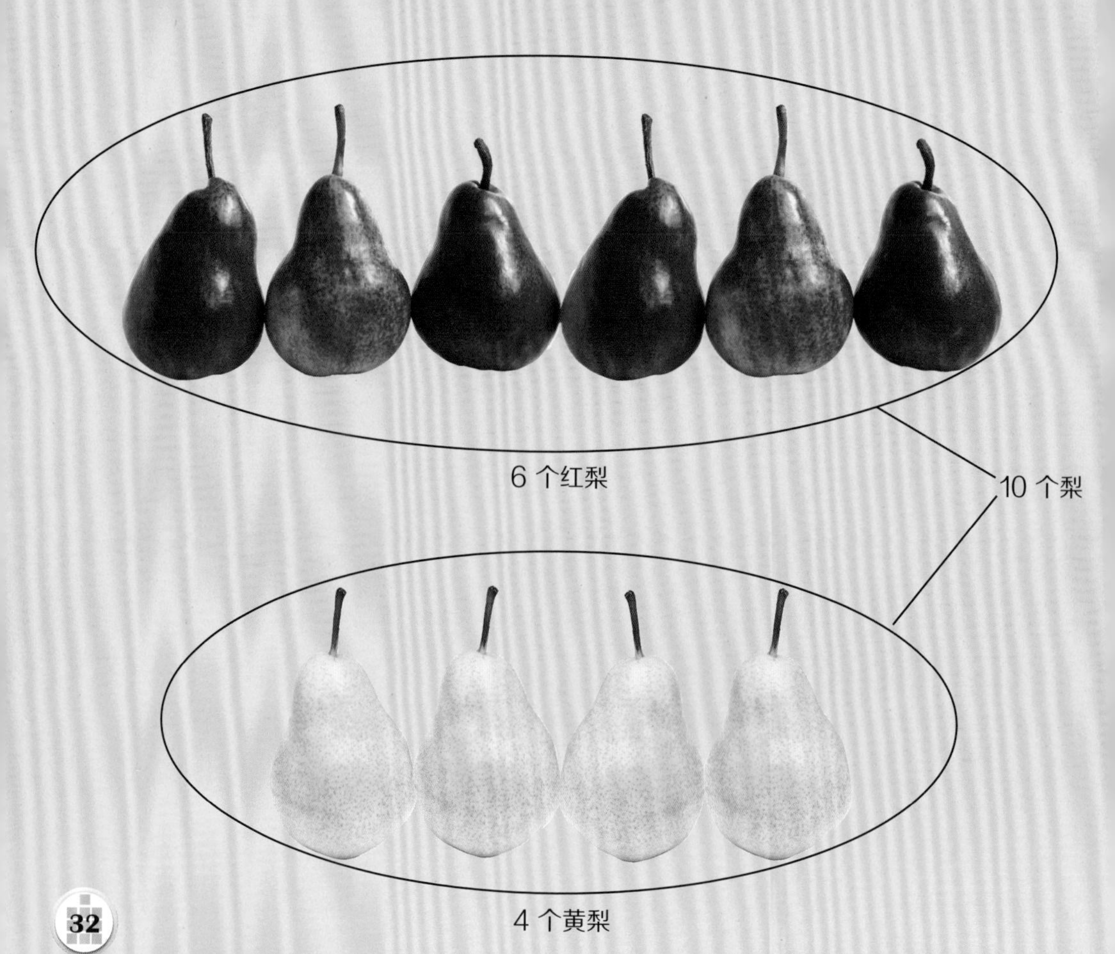

阿卡尔拿了3个红梨和7个黄梨。

米兰达和阿卡尔都拿了10个梨。虽然两人用了不同的方式，但都建立了10的组合。

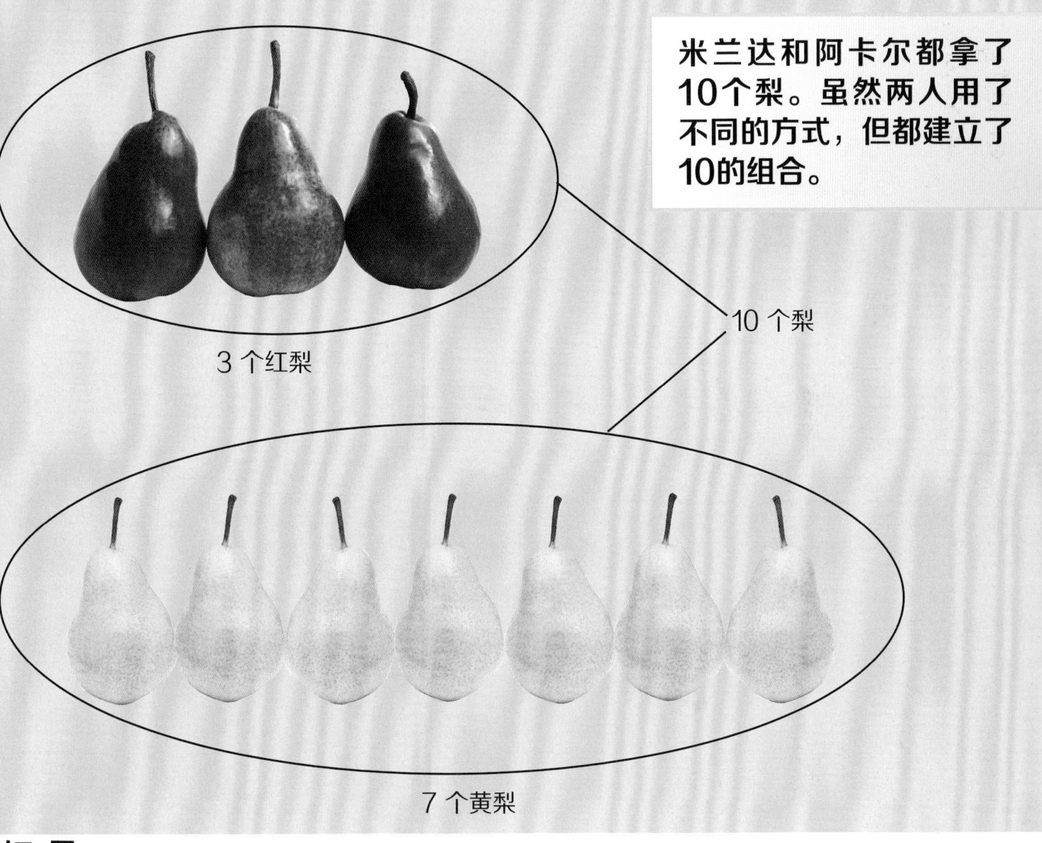

拓展

数数右图中的杯子。

有多少个杯子装着纯牛奶?

有多少个杯子装着巧克力奶?

一共有多少杯奶?

创建一个算式

祖母教阿卡尔玩一种新游戏。她给了他10颗豆子。豆子的一面被涂上了绿色，另一面是豆子原本的红色。祖母把豆子放在一个袋子里。阿卡尔摇晃袋子然后把豆子倒在桌子上。

数一下绿色的豆子，再数一下红色的豆子，接着数一下所有的豆子。

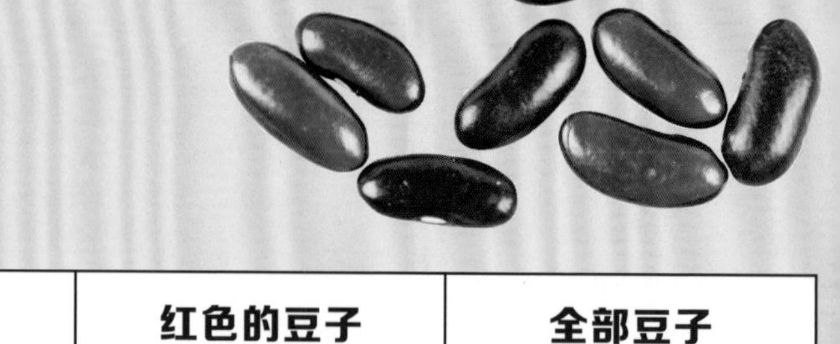

绿色的豆子	红色的豆子	全部豆子
6	4	10

祖母在一张纸上写了一个**算式**。它表示6+4=10。“+”意味着把两样东西**加**起来。

$$6 + 4 = 10$$

阿卡尔和米兰达一起玩起了祖母教他的豆子相加游戏。他们将豆子倒了四次，并记录下了结果。之后，他们写下了代表结果的算式。

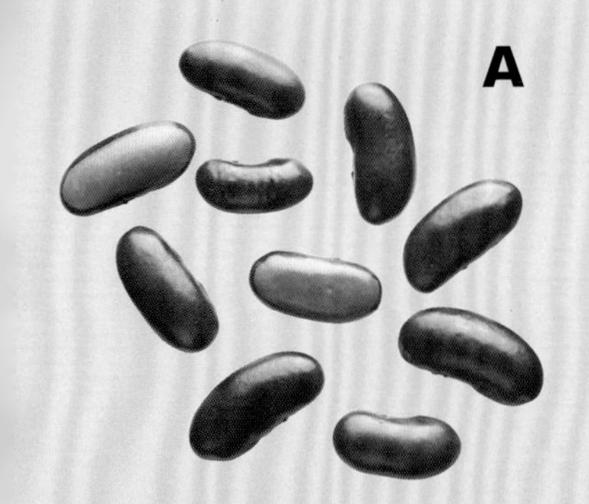

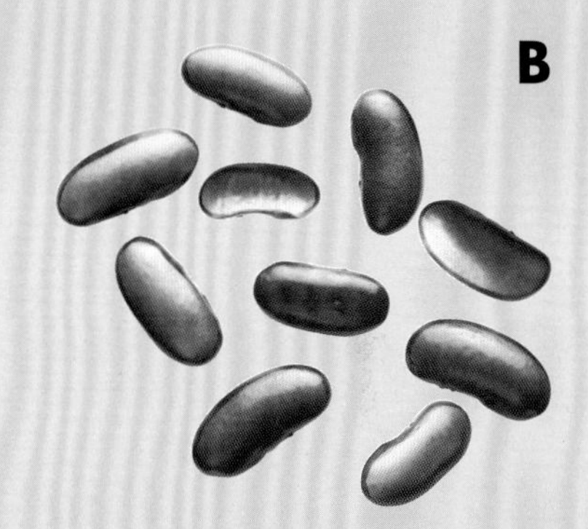

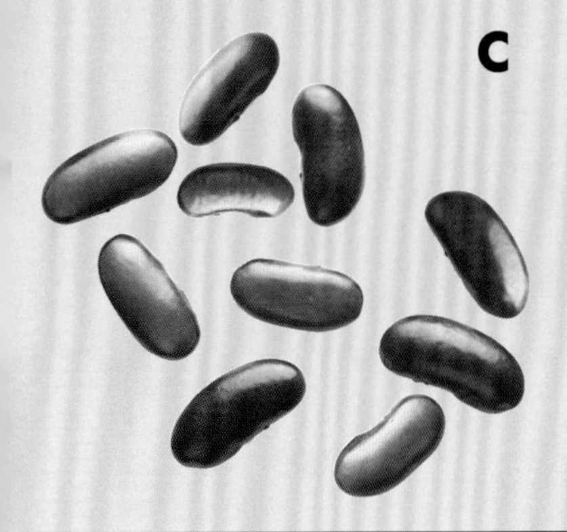

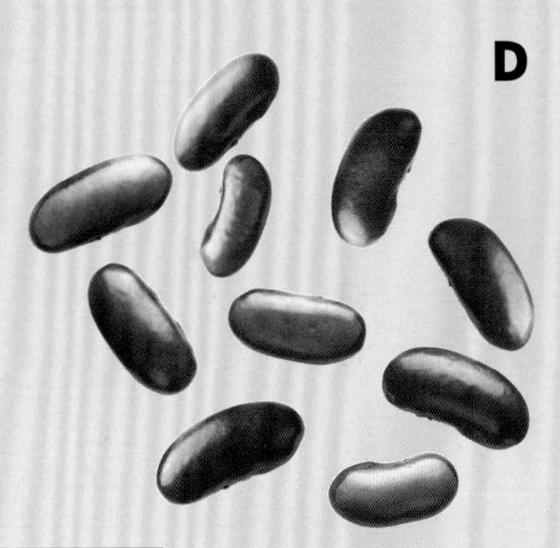

倒出	绿色的豆子	红色的豆子	全部豆子
A	2	8	10
B	9	1	10
C	5	5	10
D	4	6	10

算式

$2 + 8 = 10$

$9 + 1 = 10$

$5 + 5 = 10$

$4 + 6 = 10$

加法图片

米兰达正在用贴画装饰她的笔记本。她找到了10张狗和猫的贴画。

其中8张贴画是狗，2张贴画是猫。她把贴画贴在了笔记本的封面上。

米兰达把狗和猫的数量加起来。什么样的算式可以表示狗的数量和猫的数量之和？

8 + 2 = 10

阿卡尔既喜欢棒球，也喜欢篮球。他找到了10张他喜欢的运动员的图片。他用这些图片制作了一张海报。他写了与这张海报上的图片相对应的一个算式。他写了什么算式?

拓 展

按照上面这些图片，写出一个表示所有物体总数的算式。

写下一个你自己想出来的算式，然后画一张表示算式意义的图片。

发现一种模式

祖母给了阿卡尔一张表格，告诉他这个表格里包含着所有加起来为10的秘密。

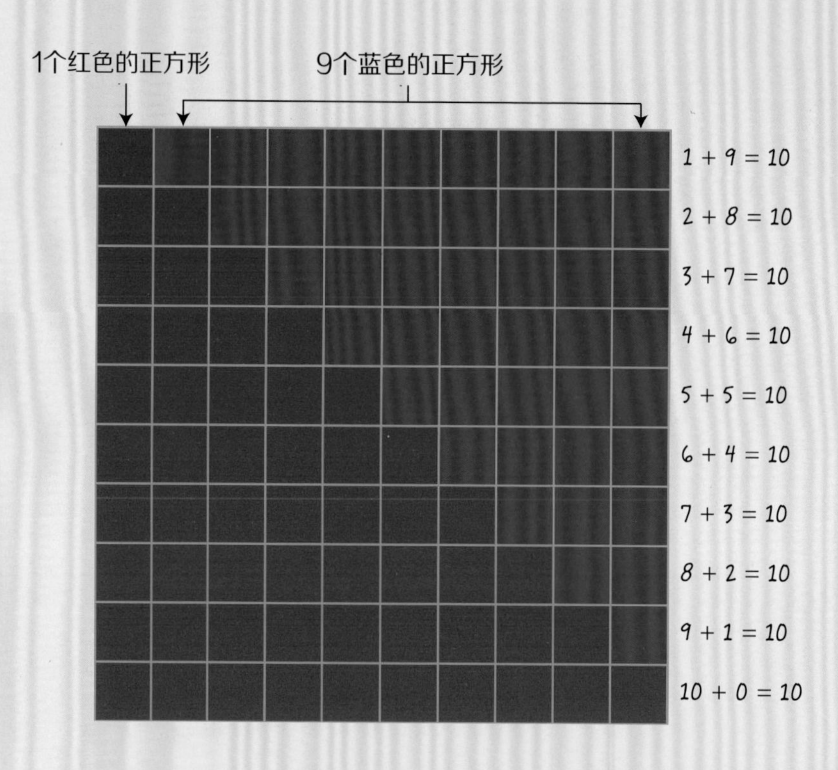

阿卡尔数了数表格中的正方形，表格的每一行有10个正方形。祖母根据表格写出了右边的算式，这些算式意味着每一行中红色正方形和蓝色正方形组成10个正方形。

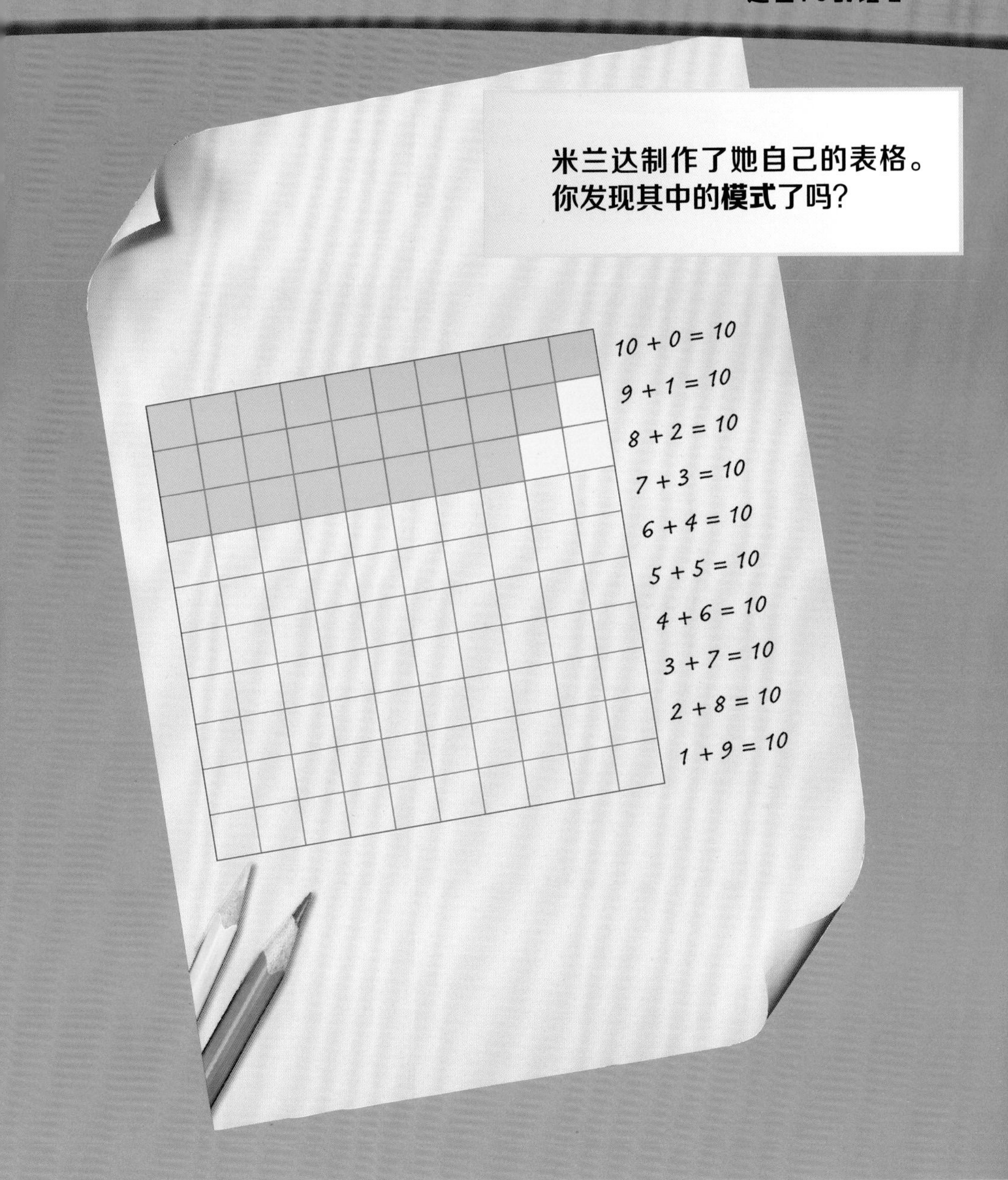

拓展

米兰达有一个能放10支铅笔的铅笔盒。铅笔盒里已经有7支铅笔。运用上面的表格，米兰达知道她的铅笔盒里还能再放多少支铅笔。

把总数算出来

阿卡尔发现了加起来为10的一种模式。看看下面这两个算式。

$$4 + 6 = 10$$
$$6 + 4 = 10$$

你发现了什么？4加6等于10，6加4也等于10。

这个模式适用于其他数吗？

$$7 + 3 = 10$$
$$3 + 7 = 10$$

似乎其他数也是这样的。7加3等于10，3加7也等于10。

拓展

看这些算式。问号处应该是多少？你可以使用积木或筹码来帮助你计算。

1 + ? = 10　　? + 6 = 10　　5 + ? = 10　　10 + ? = 10

$$\begin{array}{r} 3 \\ +\ ? \\ \hline 10 \end{array} \qquad \begin{array}{r} ? \\ +\ 2 \\ \hline 10 \end{array} \qquad \begin{array}{r} 9 \\ +\ ? \\ \hline 10 \end{array}$$

算式无论被写成横式、竖式或是其他形式，它们表达的意义都是一样的。

$4 + ? = 10$ $\quad ? + 5 = 10$ $\quad 7 + ? = 10$

$$\begin{array}{r} 9 \\ +\ ? \\ \hline 10 \end{array} \qquad \begin{array}{r} ? \\ +\ 6 \\ \hline 10 \end{array} \qquad \begin{array}{r} 0 \\ +\ ? \\ \hline 10 \end{array}$$

$8 + ? = 10$ $\quad ? + 1 = 10$ $\quad 3 + ? = 10$

$$\begin{array}{r} 1 \\ +\ ? \\ \hline 10 \end{array} \qquad \begin{array}{r} ? \\ +\ 5 \\ \hline 10 \end{array} \qquad \begin{array}{r} 2 \\ +\ ? \\ \hline 10 \end{array}$$

祖母桑德拉在一张纸上写了些算式。阿卡尔和米兰达轮流告诉她这些算式的答案。

3件事物组成10

祖母桑德拉找到了一副扑克牌。她把其中3张牌放在桌子上。阿卡尔数了数每张扑克牌上的**图形**。

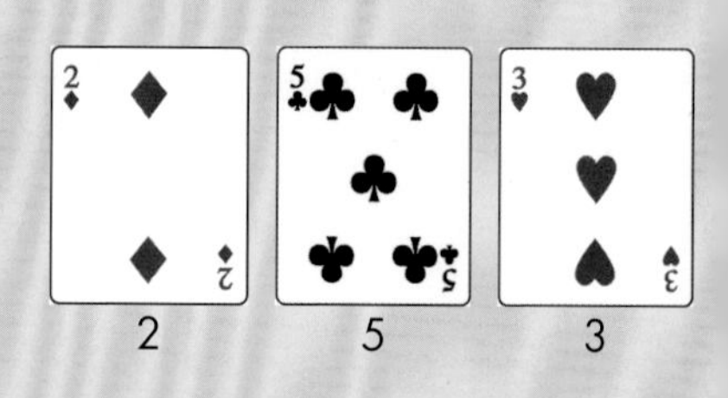

阿卡尔根据这几张扑克牌写了一个算式。

2 + 5 + 3 = 10

阿卡尔发现：这3个数字也能相加得到10。

拓展

看看上面这3组扑克牌。写下与每组扑克牌对应的算式。

有许多种加起来为10的方式。

检查你的功课

祖母桑德拉教阿卡尔和米兰达检查作业的方法。他们运用加法来做作业。桑德拉告诉他们可以运用减法来检查他们是否算出了正确的答案。

桑德拉给他们写了两个算式。一个算式用加法。然后，桑德拉转换算式，使用同样的数字创建出一个运用**减法**的算式。

两个算式中的数字是相关的。它们是一个**算式组**的组成部分。

3、7和10组成了一个算式组。

祖母桑德拉把10个球放在桌子上。

她让米兰达写一个关于球的算式。米兰达写下这个算式：

$$6 + 4 = 10$$

米兰达是正确的吗？

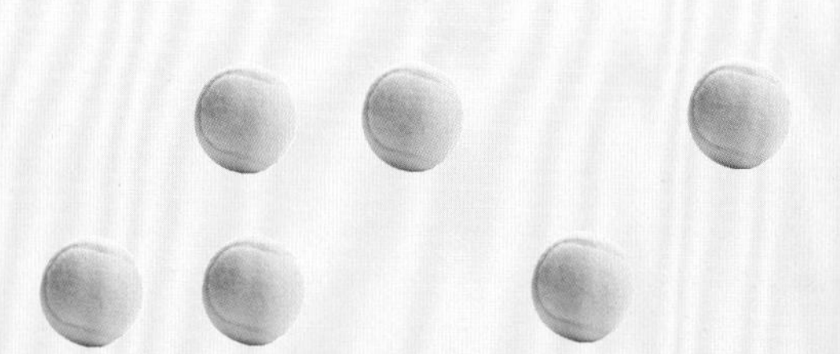

之后，祖母桑德拉让米兰达拿走所有棒球。

她让阿卡尔写下能够表示米兰达这一行为的算式。这个算式要运用减法。阿卡尔写下：

$$10 - 4 = 6$$

阿卡尔是正确的吗？

拓展

看看这些运用加法的算式，然后写下运用减法来检查结果的算式。第一个已经写好了，你来试试写下其他算式吧！

$2 + 8 = 10$　　$10 - 8 = 2$

$5 + 5 = 10$

$1 + 9 = 10$

什么数字从10里缺失了

祖母桑德拉买了10盒果汁，现在还剩7盒果汁，少了多少盒？

阿卡尔已知祖母买的果汁数量和剩下的果汁数量。他运用这些数写了一个算式。

$$10 = 7 + ?$$

什么数加7得到10？米兰达完成了这个算式。

$$10 = 7 + 3$$

拓展

拿出10支蜡笔，把蜡笔分成两组，然后写下表示蜡笔组合的算式。

$$10 = ? + ?$$

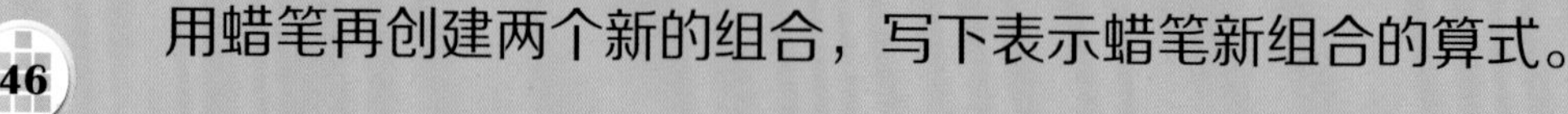

用蜡笔再创建两个新的组合，写下表示蜡笔新组合的算式。

阿卡尔从祖母的厨房里挑选了一些胡萝卜和西红柿。他和米兰达把这些蔬菜相加得到了10。

阿卡尔把零食和水果相加得到10，他让米兰达填写缺少的数字来完成算式。

术语

+ 表示加法的数学符号。

- 表示减法的数学符号。

加（add） 把两个东西或数目放在一起。

数（count） 按顺序说出数字（1、2、3、4、5、6，等等）。

算式组（fact family） 彼此相关的一组算式。

算式（number sentence） 运用数字（1、2、3等）和符号（+和=等）的一个数学表达式。

模式（pattern） 遵循一个规则的一组事物。

减法（subtraction） 把一个数从另一个数中拿走。

图形（symbol） 一个设计或图像。

10的数学定律

创建一个10，创建一个10。

我们知道创建一个10的方式。

9+1和8+2。

它们加起来都等于10。

7+3和6+4。

你还知道另外两个吗？

5+5和0+10。

让我们一起再说一次吧！

组合

什么是组合

安娜在叠衣服。她把袜子配好对，形成了一个2的**组合**。

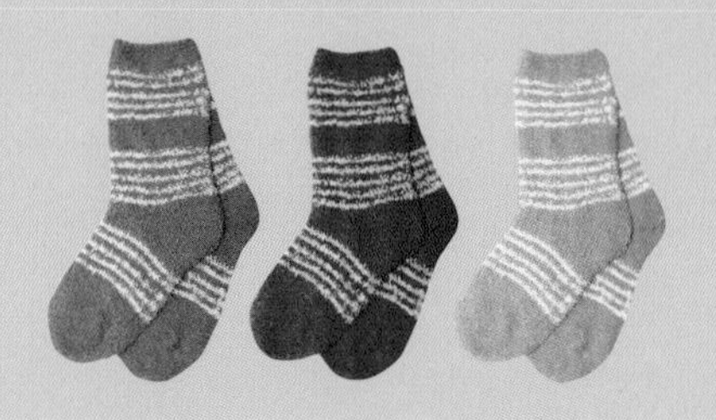

组合就是一组在某一方面相同的**对象**。对象可以是东西、数或者图形，一只袜子是一个对象，两只袜子组成一个组合。

拓展

观察图中的火车。组合是什么？对象是什么？这个组合里有多少个对象？

安娜有许多毛绒动物玩具。
这些动物玩具组成一个组合。

2的组合

安娜和乔西帮助安娜的妈妈做蛋糕。在她们做蛋糕的时候，她们看到了一些2的组合。

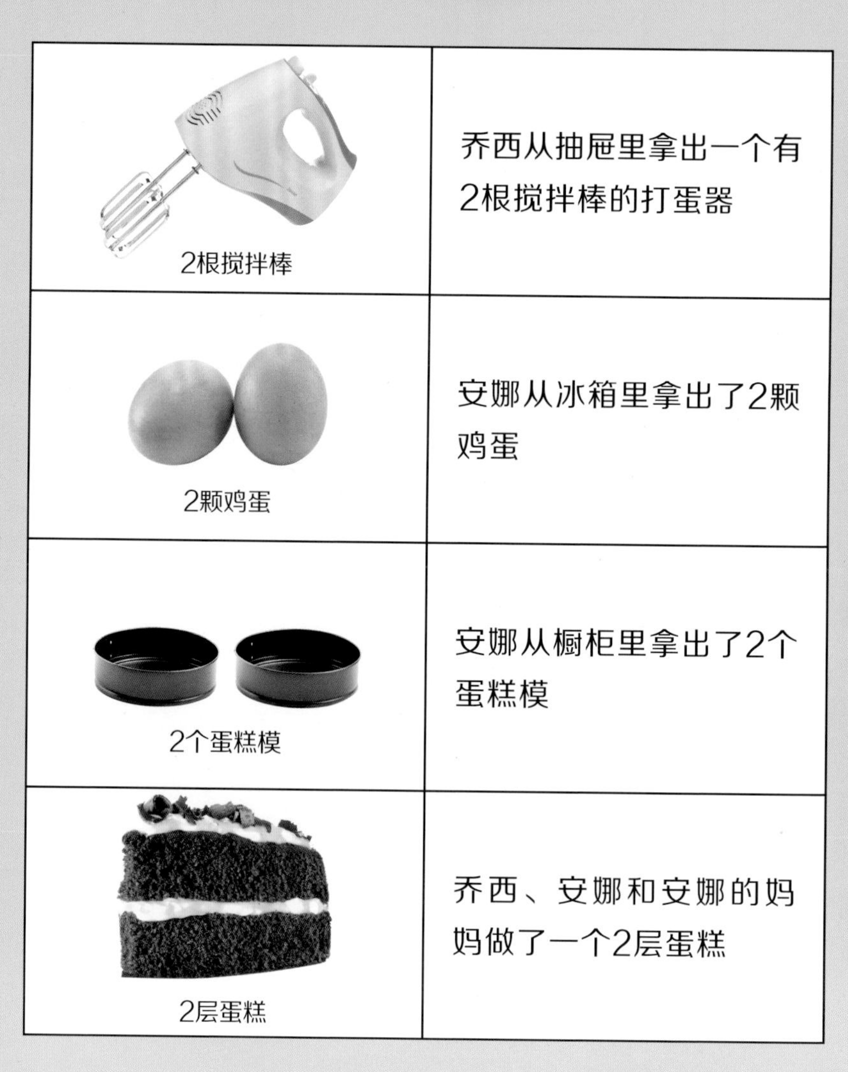

2根搅拌棒	乔西从抽屉里拿出一个有2根搅拌棒的打蛋器
2颗鸡蛋	安娜从冰箱里拿出了2颗鸡蛋
2个蛋糕模	安娜从橱柜里拿出了2个蛋糕模
2层蛋糕	乔西、安娜和安娜的妈妈做了一个2层蛋糕

安娜和乔西是一对好朋友。

拓展

观察镜子里的你。你身体的哪些部位是以2的组合出现的？给你自己画一幅画。列出你身体上的2的组合！

我身体上的2的组合

我有2只眼睛。

我有2______。

3的组合

安娜、迭戈和艾丹正在外面玩。请帮助他们找到3的组合。

3个轮子

三轮车有3个轮子。秋千组有3架红黄相间的秋千。这朵花有3片花瓣。

3片花瓣

3架秋千

组合的对象也不总是实物。早餐、午餐和晚餐也是3的组合。早晨、中午和晚上也是如此。

拓展

观察这张图片。制作你自己的图片来展示3的组合。

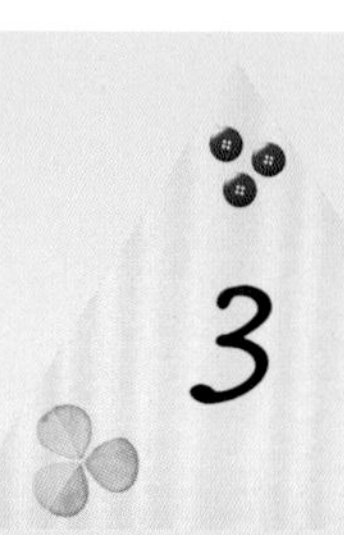

安娜和她的朋友们玩了一整天。他们找到了更多3的组合。

3根棒球棒

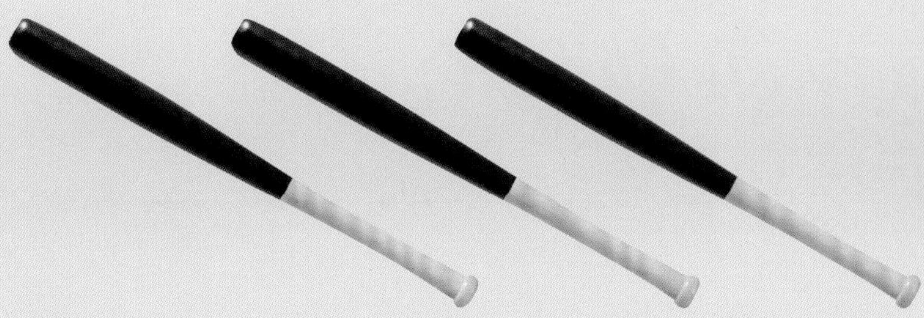

3个球

3把铲子

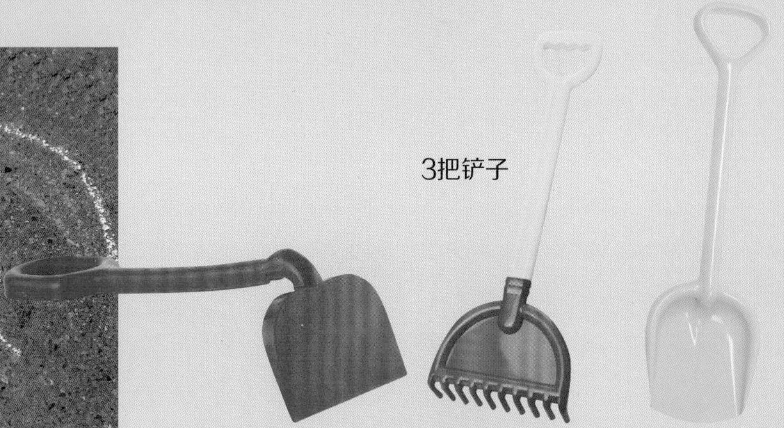

3支粉笔

4的组合

安娜喜欢和家人一起吃晚饭。安娜的家人有妈妈、爸爸和弟弟。弟弟的名字是马克。她和家人组成了4的组合。

安娜家有1只猫，1只狗和2只沙鼠。安娜的宠物是4的组合。

4口之家

拓 展

在图片里找到4的组合。

你找到了哪些4的组合?

还有哪些4的组合可能出现在桌子上?

在你家里找找4的组合。给你的4的组合画一幅画。

5的组合

接下来，安娜寻找5的组合。**数数**有助于安娜寻找以数为对象的组合。

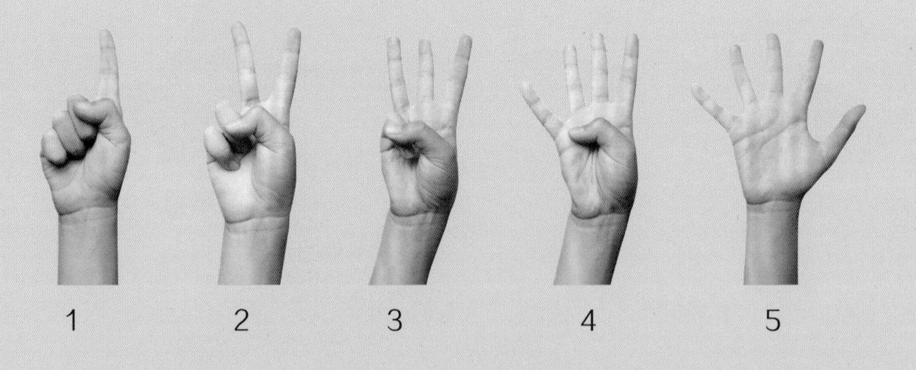

1　　2　　3　　4　　5

安娜看到她的一只手有5根手指。5根手指就是一个5的组合。

拓展

观察这张图片。如果要用1根手指按住1片花瓣，把这朵花的所有花瓣都按住需要几根手指？图中的花有几片花瓣？

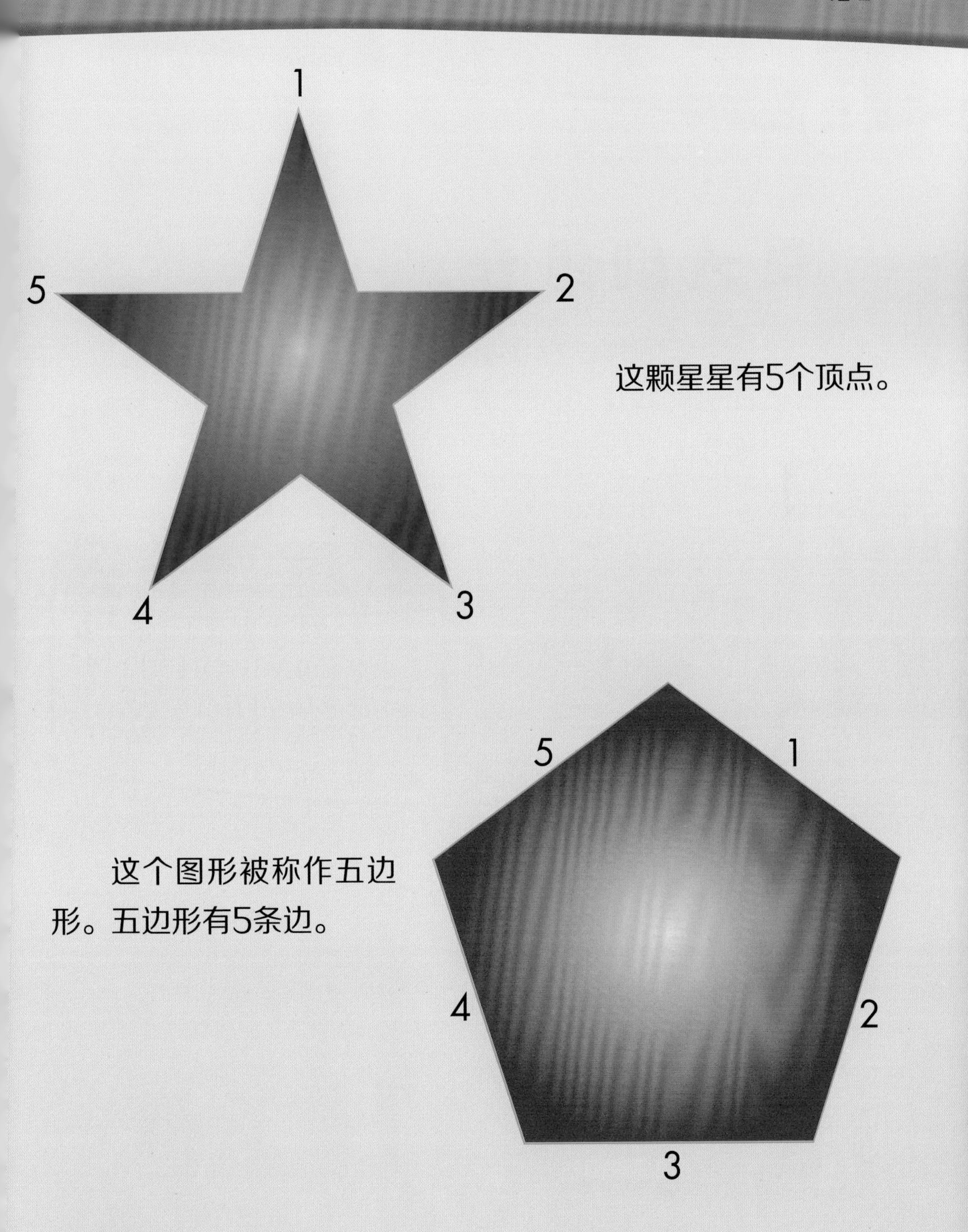

这颗星星有5个顶点。

这个图形被称作五边形。五边形有5条边。

更大的组合

安娜喜欢寻找组合。她从一个房间走到另一个房间去寻找更大的组合。她找到了6、7、8、9和10的组合。

6颗鸡蛋

日历

周日	周一	周二	周三	周四	周五	周六
	1	2	3	4	5	6
7	8	9	10	11	12	13
14	15	16	17	18	19	20
21	22	23	24	25	26	27
28	29	30	31			

一周中的7天

拓展

观察每一幅图片，数一数组合中对象的数量。数的时候要念出每个数字。

安娜看到，组合可以有任何数目、任何对象。

8支水彩笔

9串手链

10个脚趾

比较组合

安娜的朋友萨姆告诉安娜，除了数组合数目，他还会别的。

萨姆向安娜展示了两列火车。他们数了火车车厢的数目。一列火车有4节车厢，另一列火车有5节车厢。

萨姆问：“哪一列火车有更多车厢？”安娜指着有5节车厢的火车。她说：“第二列火车**比**第一列火车**多**一节车厢”。

安娜是在**比较**两个组合。她使用术语“比……多”来表示他们比较的结果。

拓展

数一数男孩举起的手指，然后数一数女孩举起的手指。谁举起的手指更多?

安娜比较更多的组合。她数出了每个组合中对象的数量。当她比较时，她使用了“比……多”“**比……少**”或者“**与……数量相等**”这样的术语。

6根香蕉**比**2根香蕉**多**

6颗鸡蛋**比**12颗鸡蛋**少**

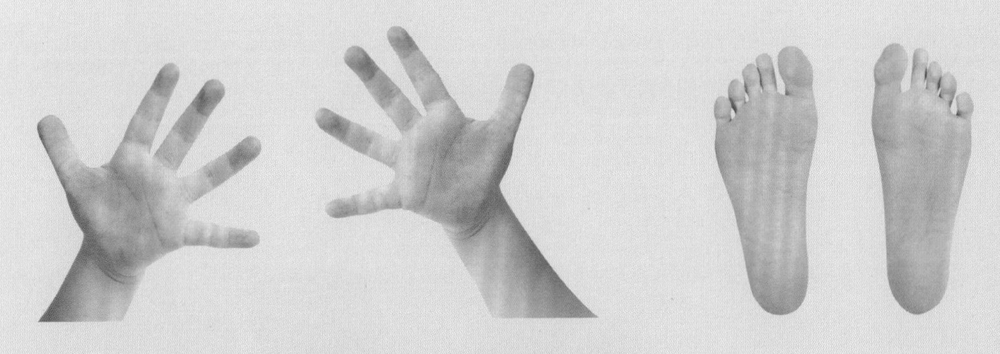

10根手指与10个脚趾**数量相等**

比较更多的组合

萨姆和安娜环视房子一周。他们找到了更多可以比较的组合。

萨姆找到了3个信封的组合。安娜找到了4本书的组合。安娜的书的组合比萨姆的信封的组合数量多。

安娜找到了2个网球拍的组合。萨姆找到了6根高尔夫球棒的组合。安娜的网球拍的组合比萨姆的高尔夫球棒的组合数量少。

安娜找到了2个李子的组合。萨姆找到了2个猕猴桃的组合。安娜的李子的组合与萨姆的猕猴桃的组合数量相等。

安娜认为她能找到比萨姆更多的组合。萨姆认为他能找到比安娜更多的组合。

下面是安娜找到的组合。

5把钥匙的组合

4把牙刷的组合

2只哑铃的组合

下面是萨姆找到的组合。

3个网球的组合

2只帆布鞋的组合

安娜和萨姆，谁找到了更多的组合？

拓 展

环视你的房子或者教室。你能找到几种组合？

给组合配对

安娜的妈妈在卡片上画画。安娜用它们做了一个和组合有关的游戏。

为了玩这个游戏，安娜需要拿一张卡片，然后观察上面的图形。之后，她尝试寻找能形成一个组合的另一张卡片。

首先，她选择了一张画有蓝色小鸟的卡片。安娜将会选择哪张卡片来创造一个组合呢？

她可以选择画有红色小鸟的卡片，那将会形成小鸟的组合。

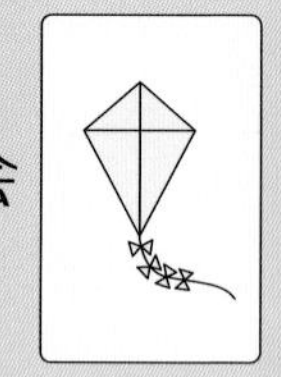

她可以选择画有一只风筝的卡片，那将会形成只有一个对象的卡片的组合。

她可以选择画有蓝色花朵的卡片，那将会形成蓝色对象的组合。

   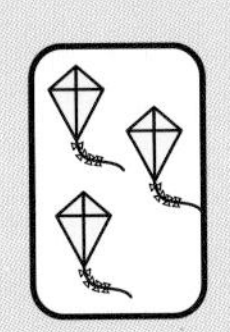  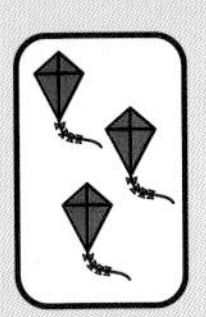

  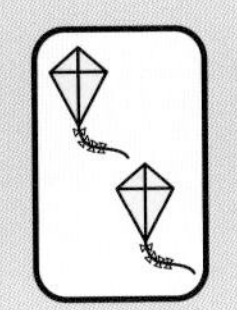   

 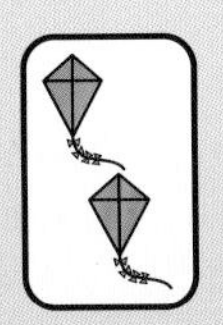 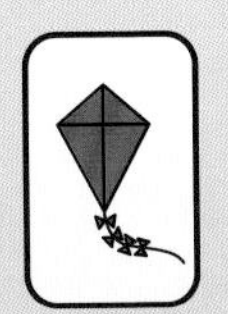  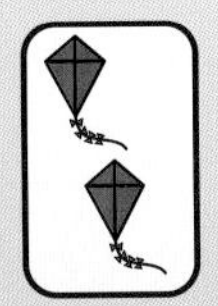 

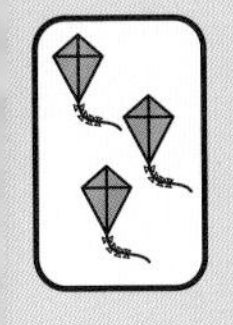     

安娜把所有的卡片排列在桌上，开始寻找组合。

拓展

现在，轮到你来玩游戏了。观察上面的卡片。你能找到多少组合？这里有两个组合。

术语

比较（compare） 辨别事物的异同或高下。

数数（count） 逐个说出数目。

与……数量相等（equal to） 两个组合有同样数量的对象。

比……少（less than） 一个组合比另一个组合对象数量小。

比……多（more than） 一个组合比另一个组合对象数量大。

对象（object） 组合中的条目。

组合（set） 一组在某一方面相同的对象。

2的组合

3的组合

4的组合

5的组合

6的组合

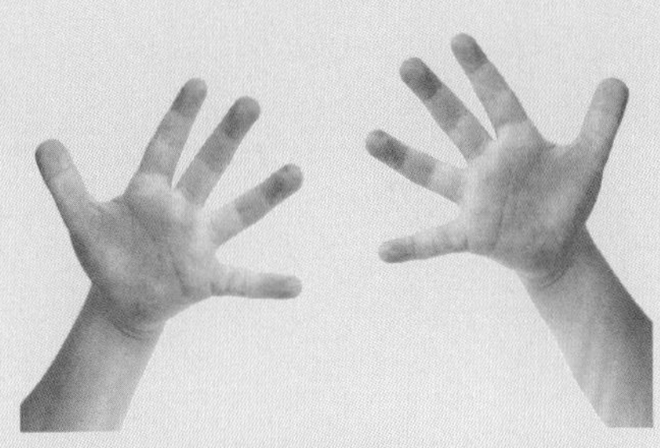

10的组合

12的组合